猫庭ものがたり

「猫庭」館長 手島姫萌

朝日出版社

はじめまして！　手島《てしま》姫萌《ひめも》です

わたしの家は山口県で「てしま旅館」という温泉旅館をやっています。わたしは手島家の３人きょうだいの末っ子で、小学校６年生です。普通の小学生だけれど、「猫庭の館長」という肩書もあります。

うちの旅館に、なにも知らずに来た人は驚くでしょう。庭にちょっと変わった建物があって、そこで30匹ほどの猫が暮らしているのが窓ガラス越しに見えるからです。この猫ちゃんたちは、捨てられてしまったり、親猫とはぐれたりした、おうちのない猫。ここで暮らして、本当の家族と出会うのを待っています。わたしは、ここ「猫庭」の館長というわけなのです。

わたしの仕事は、家族や旅館のスタッフ、ボランティアさんたちと一緒に毎日猫ちゃんたちのお世話をし、一緒に遊んで、かわいがること。猫ちゃんたちのことをよーく知っているので、お客様に猫ちゃんを紹介したり、インスタグラムやYouTubeで猫ちゃんのことを１匹ずつＰＲしたりしています。もちろん、学校に行き、友だちとも遊びます。

平日は学校から帰ったら猫庭を掃除して、ごはんや水をあげています。学校が休みなら、朝から大掃除。「猫庭を見たい」という人が来たら、案内をして、猫ちゃんたちを紹介します。それから、布団敷きなどの旅館のお手伝いもほぼ毎日しています。

今もうちにいる猫のメノちゃんに出会ってから、わたしも家族も生活が一変。さらに猫庭ができて、猫ちゃんのために活動して、毎日が大冒険です。この本は、そんなわたしの冒険のものがたりです。

CONTENTS

002 はじめまして！手島姫萌です

006 第1章 手島家と猫

008 手島家と猫のはじまり

014 名前はメノちゃん

018 メノちゃんとの暮らし

020 ひいじいちゃんは猫嫌い

024 第2章 猫が殺処分されている

026 山口県は殺処分ワースト

030 猫のおうちを作ろう！

034 クラウドファンディング

038 ４００万円を集める

042 第3章 猫庭誕生！

044 「猫庭」計画スタート

050 猫庭、オープン

052 わたしが館長？

056 うれしい。でも、さびしい

060 チーズが教えてくれたこと

064 名前は大事

068 第4章 猫庭が伝えたいこと

070 山口県の殺処分数

074 猫庭を伝える

078 猫庭のロゴ

082 第5章 わたしと猫庭

084 旅館に生まれて

088 世界にひとつの旅館

090 わたしの夢

094 番外編 幸せになった猫たちのものがたり

096 じろうくんとみしろちゃん

098 こうちゃん

100 さびちゃん

102 おわりに

構成　北條芽以

本文デザイン　鳥沢智沙（sunshine bird graphic）

第1章 手島家と猫

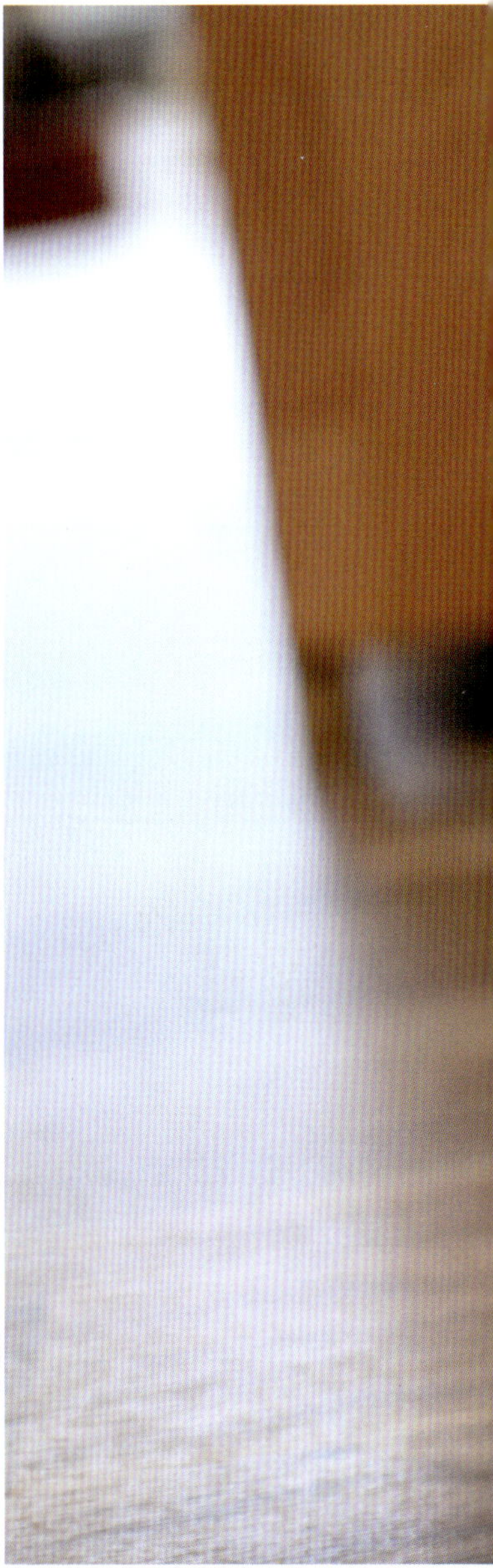

手島家と猫のはじまり

今は猫ちゃんが生活の中心になっている手島家。でも、猫と暮らしはじめた歴史はそんなに長くありません。代々旅館をやっているから、動物を家で飼うという習慣がなかったのです。

わたしが小学校1年生の12月。

近所の河原に、1匹のモフモフした猫ちゃんが現れるようになりました。お姉ちゃんが「猫がいるから、見に行こうよ」と教えてくれて、姉、兄、私の3人で猫を見に行きました。もちろん、いつもの遊びの延長です。

12月の河原は冷たい風がビュービュー吹いていて、きっと猫は寒かったのでしょう、わたしたちの足元にスリスリ。最初から体を触らせてくれて、大きなくりくりした目で見上げてきます。生まれて初めてさわった猫の毛は、とてもふさふさしていました。

「きっとお腹がすいているんだよ」

わたしたちは急いで家に戻り、ビスケットとミルクを持って、また河原に行きました。猫はすごい勢いでビスケットをかじり、ミルクを飲んでいます。「猫ちゃん、よろこんでるね」と、わたしたちはうれしくなって、その子を愛らしく感じました。

河原は、これからどんどん寒くなります。食べ物も、毎日あげにくるわけにはいきません。

「うちで飼ってあげたいね」
猫ちゃんはあたたかな家で暮らしてごはんを食べられるようになるし、なによりわたしは、その子のふさふさの毛皮や、甘えてくる目にすっかり夢中になっていたのです。

急いで帰ってお母さんに相談してみました。すると「お父さんに相談しなさい」と言います。

実は、お父さんは猫が大嫌い！
旅館をはじめたひいじいちゃんは「食べ物を扱う家で猫を飼うのは衛生的によくない」と言われて育っていたからです。昔、車で猫をひいてしまったこともあって、猫を飼うなんて、とんでもない。「大嫌い」を超えて、関わりたくない存在だったようです。

でも、12月の屋外は、どんどん寒くなっていきます。このまま放っておいた

ら、こごえ死んでしまうかもしれません。なんとか助けて、うちで飼いたい！

意を決して、3人で一致団結。お父さんのところにお願いに行きました。


「無理」

お父さんは、その一点ばりです。


「絶対に世話をするから！」

「とってもかわいいから！」

「見たこともないようなふさふさの毛並みなんだから！」

「きっと人に飼われていたことがあって、しつけもできているよ！」


しつこくしつこく、わたしたちは言いつづけました。

「見に行くだけでもいいから！」

あまりのしつこさに、お父さんは「じゃあ、ちょっと見るだけだよ」と重い腰を上げてくれました。

お父さんと一緒に河原に向かう間、不安と期待が行ったり来たり。

「猫ちゃんは、お父さんにもスリスリしてくれるかな」

「そもそも、まだあそこにいるだろうか?」

お父さんと河原に着くと、猫ちゃんはもとの場所にいて、わたしたちのところにやってきました。そして、賢いことに、お父さんにスリスリと体をすり寄せたのです!

「へえ……、本当に人懐っこいね」

しばし、猫ちゃんを見るお父さん。

それを見守る、わたしたち。

お父さんが、ぽつりと言いました。

「本当にきょうだいで面倒をみられるの？　約束できる？」

「うん!!」

そのときは、みんなで飛びはねてよろこびました。

それが、手島家と猫の暮らしの、はじまりです。

名前はメノちゃん

河原で暮らす猫ちゃんを家に連れて帰ることは決まりましたが、今では信じられないことに、わたしたちは猫に触ったことがありません。いきなり抱っこするのはちょっと怖くて、猫が好きな旅館のスタッフさんを呼んできて、抱えて連れて帰ってもらいました。

家にはちょうど、夏に作った大きなカブトムシの家があったので、そこにそっと入れて、様子を見ることに。最初は、びっくりして暴れていましたが、次第に落ち着いていきました。

一方、わたしたちはホームセンターへ。スタッフさんに教えてもらった、猫の生活に必要なものを買うためです。

キャットフード、ごはんを食べる器、トイレ、砂、おしっこシート、おもちゃ……。


「こっちのほうがよろこぶんじゃない？」

「これも必要だよ！」

「早くうちに慣れて欲しいね」


わたしたちきょうだいも、いつの間にか、お父さんもお母さんも、新しく迎える家族にワクワク、ドキドキ。大きな荷物を抱えて帰りました。


「メノちゃん」という名前は、お母さんがつけました。

ちょうど観たばかりだったアニメ映画『かぐや姫の物語』に出てくる、「女童（メノワラワ）」というキャラクターが、人懐っこくて明るく、どことなく

似ていたからです。

そう、メノちゃんはとても人懐っこい猫。だから、わたしたちの家族にすぐとけこみ、みんなと仲よくなりました。

動物病院に行って健康状態をチェックしてもらうと、先生は「この子はおそらく、もともとは飼い猫だね」と言いました。なにかの拍子に逃げ出して迷子になってしまったのか、捨てられてしまったのかわかりませんが、もともと飼い猫だった子は、自分でえさをとる力が弱く、放っておいたら死んでしまったかもしれません。うちに連れてくることができて本当によかった、と安心しました。

我が家のアイドル、メノちゃん。くりっとした瞳とモフモフが高貴です。

メノちゃんとの暮らし

もともと私たちの家族は、とても明るく、いつも誰かがふざけてゲラゲラ笑っていましたが、メノちゃんがやってきて、さらに笑顔が増えました。

猫ちゃんを飼ったおうちでは〝あるある〟だと思いますが、おうちにみんなでいるときに、〝メノちゃんがだれに寄ってくるかゲーム〟で毎日大騒ぎ。わたしたちはみんな、メノちゃんにいちばん好きになってもらいたくって、おやつを与えたり、おもちゃで遊んだり、気を引こうと必死です。

特に、猫嫌いだったお父さんの変わりようには笑ってしまいました。

まるで人間の赤ちゃんを抱っこするみたいにメノちゃんを抱き、

「よちよち、メノちゃん、かわいいね〜」

と、あやしているのです。赤ちゃん言葉をつかってデレデレしているお父さんを見て、ちょっとあきれてしまいました。

そんなふうに、メノちゃんはあっという間に家族の中心的存在になったのです。

ひいじいちゃんは猫嫌い

メノちゃんとの暮らしには、ひとつだけ大問題がありました。
それは、ひいじいちゃんと、ひいばあちゃん。

わたしたちはみんな旅館の旧館に住んでいて、古くてボロいけれど広い家で暮らしています。部屋は完全に分かれていて生活は別々ですが、さすがに同じ建物で猫を飼っていたら、いつかはバレてしまうに違いありません。

特にひいじいちゃんは、そもそも家で猫を飼うことを禁じていたくらいですから、もし見つかったら「捨ててこい」と言い出してもおかしくない、と思い

ました。

メノちゃんを放り出すなんて、もはや考えられないこと。家族で「ひいじいちゃんを説得するいい方法はないか」とわたしたち家族で話し合いました。ひいじいちゃんはガンコで、厳しく、お父さんも太刀打《たちう》ちできません。

「説明してもきっとわかってもらえない。でも、ぼくらが留守のときに、メノちゃんが、ひいじいちゃんたちのほうへ行ってしまうようなことがあったときのために、猫を飼っていることはわかってもらっておかないといけないね」

わたしたちは、ひいじいちゃんの弱点を考えて、大ウソのストーリーを考えだしました。

幸い、メノちゃんは毛がモフモフしていて洋風の姿をしています。ひいじいちゃんが普段嫌っている、野良猫たちとはずいぶん違うのです。

お父さんは、言いました。

「てしま旅館が大変お世話になっている大社長さんが、数カ月アメリカに移住されるので、その間、この猫を預かるように命じられた。おじいさんも、大切にしてください」

わたしたちと猫の暮らしは、毎日が冒険のようにはじまりました。

メノちゃんはすぐに家族になじみ、
危機管理能力は感じられません。
ベッドを独占して寝ていることも。

第2章

猫が殺処分されている

山口県は殺処分ワースト

メノちゃんとの暮らしがはじまって、1年ほど経ったころ、テレビのニュースに目がとまりました。山口県のローカルニュースです。

山口県は、犬・猫の殺処分《さつしょぶん》が全国ワースト3位に入っている、という内容でした。

当時、わたしは小学校2年生。まだ「殺処分」の意味がわからず、お父さんに聞きました。

「殺処分というのは、行き場のない犬や猫が保健所に連れて行かれて、新し

く飼ってくれる人が見つからなければガスで殺されること」

わたしはそれを聞いて、ショックが大きく、「意味がわからない」と思いました。

なぜ、殺処分などということが起きるの？

そんなことをする意味があるの？

少し前まで外で暮らしていたメノちゃんだって、ひとつ間違ったら同じようなめにあっていたかと思うと、いてもたってもいられません。

まず、家族でインターネットで調べてみることにしました。

日本には動物の愛護《あいご》・管理の法律があり、

《都道府県等は、犬又は猫の引取りをその所有者から求められたときは、これを引き取らなければならないとしている》

という決まりがあることがわかりました。

そして、保健所にいぬや猫が持ち込まれる理由が、いたずらをしたり、庭先でトイレをするといった〝人間にとっての迷惑行為〟だといいます。

そんな理由で、命を殺すの？

わたしには不思議でなりませんが、今ではメノちゃんにメロメロのお父さんだって、前は猫嫌いだったし、ひいじいちゃんは、きっとこれからもずっと猫が嫌いだと思います。

お父さんが前に言っていたことばを思い出しました。

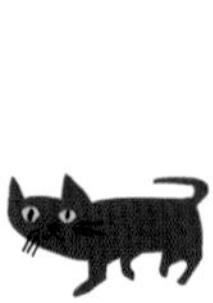

「ものごとには表と裏が必ずあって、自分からは表しか見えないんだよ」

わたしがメノちゃんと暮らす幸せな時間は表側。その裏には、こんなにたくさんの命が失われていた。そのことに気づいて、はっとしました。

猫ちゃんに対する考え方は人それぞれです。そのうえ、難しい法律的な問題があります。

それでも、わたしたちにできることはないだろうか？

わたしたち家族の中に、もやもやとしたものが生まれました。

猫のおうちを作ろう！

わたしたちは、それからも毎日話し合いました。

「わたしたちにできることはなんだろう？」とアイデアを出し合い、ひとつのチャレンジを思いつきました。

保護猫のおうちを作り、捨て猫や、飼えなくなった猫、保健所に入れられてしまった猫たちを受け入れたらどうだろう。

しかし、わたしの家は旅館。土地があるとはいえ、いったいどこに作ればいいのでしょう。

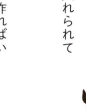

てしま旅館には、ひいじいちゃんが作った中庭があります。玉砂利《たまじゃり》が敷かれて、大きな岩があるような立派な庭です。

お父さんは、その場所がいいと言い出しました。

たしかに、中庭の場所は、ロビーに面していて、旅館に泊まるお客さまの目に触れます。猫ちゃんの家族を探すのだから、たくさんの人に見てほしい。それにはぴったりの場所です。

でも、わたしたちは、猫が好きじゃないひいじいちゃんがそんなことを許すわけがない、現実的じゃないと思いました。

しかも、メノちゃんのことでウソまでついているし、絶対に無理だと。

でも、お父さんとお母さんは

「どうせやるなら、思い切ったほうがいいよ。そのほうが、あんたら（子どもたち）の真剣な想いが届くんじゃないかな？」

と言います。

こうして、猫庭の場所が決まりました。

もちろん、ひいじいちゃんには内緒で……。

ごはんの箱を見つめるみかんちゃん。今は引き取られ、
おばあちゃんと仲良く暮らしています(P. 95左上)。

クラウドファンディング

わたしたち家族は、猫たちのおうちを作ると決めて計画を立てはじめました。

具体的にどんなおうちを作るかどうかや、猫ちゃんたちのためにしなければならないこと、必要なことを書き出していきます。

・清潔さ↓掃除の徹底。掃除当番は割りふってしっかり行う
・去勢《きょせい》と避妊《ひにん》↓猫ちゃんを増やさないために
・スペース↓ストレスなく、広々と快適に過ごせる広さ
・健康管理↓チェックシートを作って1匹1匹に目が行き届くように
・環境と設備↓清潔さを保つために手洗い。においがこもらず、猫たちの健

康にもかかわる空調を整える
・逃走防止↓逃げ出してしまわないような構造と、二重扉や人の出入りなど
うっかり逃走を防ぐ方法
・受け入れと譲渡《じょうと》のルール作り

やらなければならないことや、考えなくてはならないことがたくさんあって、びっくりしました。なにしろこれは、わたしたち子どもはもちろんのこと、お父さんもお母さんも、だれもやったことがないこと。毎日家族で頭をひねる毎日です。でも、猫ちゃんのために、みんなで目標を立てて考えるのは楽しいな、とも思いました。

建物は、お父さんの発案で、ゼロから建てるのではなくＪＲのコンテナを使うことになりました。ＪＲの貨物コンテナはとっても丈夫で、使わなくなったものをリサイクルしていると知り、これは猫ちゃんたちのおうちにぴったりだと思いました。

問題はお金です。
子どもにはちょっと難しかったけれど、理想をすべてかなえるとなると、たくさんのお金が必要だということがわかりました。

やっぱりお父さんが発案したのが、クラウドファンディングの活用。
クラウドファンディングとは
「インターネットを通して自分の活動や夢を発信することで、想いに共感《きょうかん》した人や活動を応援したいと思ってくれる人から資金を募《つの》る」
という仕組みのことです。

私には少し難しかったけれど、猫ちゃんたちのためにできることを一生懸命やりたいとはりきりました。

殺処分のニュースを見てからわずか1カ月足らず。
はじめての「猫庭」のクラウドファンディングがスタートしていました。

上／メノちゃんが来たばかりのころ。まだ猫庭はなく、健在だったひいじいちゃん自慢の中庭にて。
下／猫庭ができる前の、ロビーに面した中庭。手入れが行き届いた純和風の庭園でした。

400万円を集める

2016年2月、てしま旅館の「猫のおうちクラウドファンディング」がはじまりました。

旅館の中庭に猫ちゃんのおうちを作るのに必要なお金を計算すると、その答えは「400万円」！　わたしには、ちょっと想像できない金額で、しかも、全国の知らない方々がお金を出してくれるというのも信じられません。言い出しっぺのお父さん自身もクラウドファンディングは初めてだったので、「ちょっとハードルが高いかもしれないな」と不安そうでした。

クラウドファンディングのホームページを見ると、０％から１００％までのメーターがあり、お金が入ってくるとそのメーターが少しずつ増えていき、１００％がゴールです。わたしは毎日のようにパソコンを開き、そのページを見ていました。

最初は、お父さんやお母さんのお友達が応援をしてくれていて、少しずつメーターが上がっていきます。ワクワクしましたが、その勢いはすぐに止まってしまいました。お父さんも頭を抱えています。また家族で知恵を出し合って、チラシを作って旅館に置いたり、お父さんは外出先でも配っていました。それでもあまり伸びなくて、最初はあんなに盛り上がっていた家族の雰囲気も、ちょっと暗くなってきてしまいました。

なにより恐ろしいことに、１００％にならなければ、99％に達していたとしても、金額はゼロになってしまい、計画はなくなってしまうのです。

「猫ちゃんたちのために、この計画をひとりでも多くの人に知ってほしい！」

という気持ちで毎日お祈りをしていました。

そんなある日。奇跡のようなことが起きました。

山口県のローカルニュースで、わたしたちのクラウドファンディングを取り上げてもらったのです。テレビ局から取材に来たお姉さんは動物が大好きで、わたしたちと同じように「殺処分を減らしたい」と考えている人。わたしたちの取り組みをきちんとわかってくれて、視聴者《しちょうしゃ》に伝えてくれました。

テレビ放送の日は、家族でテレビの前に集まりました。もちろん、パソコンも開いて。少しずつですがメーターが上がり、わたしたちは声を上げてよろこびました。

うれしいことはまだありました。その番組を観たローカル新聞の記者さんも取材に来てくれたのです。少しずつ少しずつ、メーターは上がって、終了5日前に80%まで迫ることができました。わたしはいてもたってもいられなくて、

毎日メーターをチェックするだけでなく、氏神様《うじがみ》に何度もお参りに行きました。

そうはいっても、100％達成するかどうかは、最終日まで持ち越し、毎日がドキドキ。本当に心臓がドキドキして苦しいほど。家族みんなでパソコンをのぞき込んでいました。

そして、その日の夕方。なんと、お湯が沸騰《ふっとう》したみたいに一気にたくさんの人の応援が入り、100％を超えたのです！

その瞬間、家族で「やったー！」と叫び、メノちゃんを抱っこして、一緒によろこびました。このときの「ありがとう」の気持ちはずっと忘れられません。

第3章 猫庭誕生！

「猫庭」計画スタート

クラウドファンディングが成功し、すぐに工事がはじまりました。お父さんは工事をしてくれる人やデザインをしてくれる人と打ち合わせ。わたしたちはお母さんと、完成してからやることを話し合いました。

4月の下旬。大きなＪＲ貨物コンテナが2棟届きました。いつも線路の上を走っている山陽本線の貨物列車にのっているものがうちの前にあるのは不思議な光景です。すごく大きくて、これはどうやって中庭に置くのだろうと思ったら、もっと大きなクレーンで吊り上げて旅館の上を超え、中庭に置かれました。ごっつい鉄の塊が美しい中庭に置かれ、お客さまはどう思うだろうかと心配だ

ったし、なにより中庭を大事にしているひいじいちゃんとひいばあちゃんがどう思うだろうと想像すると、ちょっとこわかったです。

ちょうど、ひいじいちゃんが旅館を通りかかってしまいました。あまりの光景に、怒るどころか目を点にしてその様子を眺めていました。

お父さんは

「期間限定で催し物をやろうと思ってるんだ。終わったらコンテナは引き上げるから心配しないで」

と、用意していたようなこと言って、その場をとりつくろっています。わたしはとてもドキドキしながらその様子を眺めていました。

さて、コンテナが運び込まれた中庭では工事がはじまりました。コンテナの扉ははずし、2つのコンテナを連結して通路を作りました。毎日見ていると、鉄の塊《かたまり》がどんどん姿を変えていきます。

外側の壁の黒い塗装は、きょうだいみんなで塗りました。これは熱の吸収をおさえる特殊なペンキです。コンテナは鉄なので、夏はとても暑くなりますから、断熱はとても大事だと、お父さんとデザイナーさんで考えてくれました。

中はもっと変わっていきました。断熱材《だんねつざい》を敷き詰め、さらに集成材《しゅうせいざい》（ＯＳＢボード）を壁にみっちり貼っています。外からの熱をシャットアウトするだけでなく、見た目も木の色になって居心地がよさそうになってきました。

そして、扉をはずした、ロビーに面しているところがガラス張りになりました。旅館のロビーから中庭のほうを見ると、猫ちゃんのおうちになる建物ができていきます。わたしには、それが大きな額縁に入った一枚の絵のように見えました。

さらに、5月末には、冷暖房や水道の設備がついて、猫ちゃんたちが生活す

るための設備がどんどん整っていきました。わたしは、毎日ワクワクして、学校から帰るとじーっとコンテナを見ているのが日課になりました。

このころ、また家族で相談。猫ちゃんたちのおうちの名前をつけようということになったのです。

だれが言ったかは覚えていないのですが、

「中庭にある家だから『猫庭』にしよう」

と、みんなの意見が一致。わたしは、すごく覚えやすくてかわいい、いい名前だと思いました。

旅館の庭にやってきた鉄の塊。メノちゃんがわたしたちに教えてくれたこと。いよいよ、「猫庭」のスタートです。

ロビーに面した窓にそってごはんがあり、並んで食べる様子がよく見えます（写真提供：清水奈緒）。

左から、タクゾウ、シマちゃん、小麦。小麦は、
P.100のさびちゃんのいるおうちに引き取られました。

猫庭、オープン

6月2日はわたしたちにとって忘れられない日になりました。

ついに、猫庭が完成したのです。

早くも、初めての猫ちゃんがやってきました。

生後3カ月の〝桜子ちゃん〟。桜子ちゃんはとってもおてんば。いっときもじっとしていなくて、目が離せません。桜子ちゃんにとってだけでなく、わたしたちにとってもなにが起きるかわからない新しいおうちなので、安心できなかったので、その日は桜子ちゃんと一緒に猫庭に泊まりました。

猫庭に来る猫ちゃんはいろんな事情があります。

いちばん多いのは、家の近所や軒下などで野良猫が子どもを産んだというケース。保護したはいいけれど、自分たちではどうしたらいいかわからず、猫庭に連れてきます。

ほかにも、飼い主が亡くなったり、家族が猫アレルギーになってしまったりして、連れてこられることもあります。

そんなふうに、桜子ちゃんを皮切りに、どんどん猫ちゃんを受け入れました。当時、猫庭の定員は20匹。あっという間に、いっぱいになり、忙しい毎日がはじまりました。

わたしたちの仕事は、猫庭の掃除やごはんなどの世話。つめ切りや健康チェックもします。お父さんとお母さんには旅館の仕事があり、猫庭の運営《うんえい》もしています。わたしたちは、昼間は学校です。ボランティアさんの力も借りながら、家族みんなで猫ちゃんたちの世話をする毎日が今も続いています。

わたしが館長？

わたしは「猫庭館長」と呼ばれています。

これは、猫庭を見に来てくださったお客さまの命名。わたしたち家族は、旅館のきりもりも猫庭の運営も、ボランティアの方の力を借りながら、基本的には家族で行っています。そんななかで、お客さまに猫庭の猫ちゃんを紹介するのが、いつの間にかわたしの仕事になりました。

大切にお世話をしている猫ちゃんたちのことを、お客さまに紹介するのはとても楽しいです。猫ちゃんは1匹1匹、人間と同じように全然違う個性があります。だから、それぞれの猫ちゃんと、猫ちゃんたちに会いに来てくれたお客さまとの相性も違うと思うのです。だから、できるだけていねいにその子の個性や特徴、いいところ、クセや面白いところなども説明して、ぴったりのおうちに迎えてほしいと思います。いちばんそれを知っているのは、わたしなのですから！

「この子はちょっと臆病なところがあるけれど、1回なつくととても甘えん坊です」
「この子はすごく賢くて、仔猫の面倒もよくみています」
「お調子者で明るい猫ちゃんなので、先住さん（先に飼っている猫）がいても大丈夫じゃないかと思います」

　そんなふうに、お客さまが気になる猫ちゃんのことを紹介しているうちに、「姫萌ちゃんが館長だね！」といわれ、お父さんたちもわたしを「館長」と呼ぶようになりました。

旅館には広島から来るお客さまも多くて、カープファンのお客さまだとテンションが上がって、猫以外の話でも盛り上がります。でも、わたしは館長！そういわれるようになって、猫ちゃんたちに対する責任感がわいてきて、いっそう猫庭のお仕事をがんばれるようになりました。

上／遊んでいるように見えますが、猫ちゃんたちと遊び、様子を観察するのもわたしの仕事です。下／猫庭２階ができ、慣れない子たちの隠れ場所になりました。隅っこで緊張顔をしている２匹。

うれしい。でも、さびしい

猫庭をはじめて、自分の中にあるいろんな感情を知りました。

わたしは、猫庭に来た猫ちゃんと毎日顔を合わせて遊び、お世話をします。「おはよう」「ただいま」「おやすみ」と声をかけ、猫ちゃんのほうもわたしになにかを伝えてくれます。しばらく一緒にいたら、もう家族です。

だから、初めて譲渡が決まったときは、胸がギュッとなりました。わたしの大事なこの子が、明日からはいないんだ、と。

新しい家族の方が持ってきたケージに入り、旅館を出ていきます。その様子がさびしそうにも見えて、わたしはこっそり泣いてしまいました。お姉ちゃんも、お母さんも泣いていました。

お父さんが言いました。

「新しい家族に迎えられたことで、次の新しい命を受け入れることができるんよ。あんたは命をつないだんよ」

「自分がやっていることがどれだけすごいことか。自信を持ちなさい」

そう、猫ちゃんが去《さ》っていくのはすごくうれしいことなのです。でも、わたしはさびしくなって、素直によろこべません。何度繰り返しても、さびしい気持ちになるのはかわりません。

ふんぎりがつくのは、猫ちゃんの新しい家族から写真や動画が送られてきて幸せそうな様子を見たときです。

猫庭でもほかの猫たちと楽しそうにやっていた子が、家族のひざに乗って甘えたり、遊んでもらって笑顔に囲まれているのを見ると「この子、こんな顔をするんだ」と、ほっとします。猫庭では見たことがない表情や、しぐさ。人間に愛されて暮らす猫ちゃんは、やはり、たくさんの猫ちゃんと共同生活をしているときとは違うのです。

もともと行き場がなくなっていた猫ちゃんが、こんなに幸せそうになるなんて。わたしは、猫庭をやってよかった、毎日お世話をしていてよかった、と思います。

猫庭での毎日には、さびしいこと、うれしいこと、悲しいこと。いろんな感情が入り混じっています。

上／ハナちゃんは生んだばかりの仔猫たちと一緒にやってきました。下／この低い椅子は猫と遊ぶときにぴったりで、猫も膝にものってきやすい！

チーズが教えてくれたこと

少しでも猫庭で暮らした猫ちゃんのことは忘れませんが、なかでもチーズという仔猫のことは決して忘れることはないでしょう。

あるとき、お客様が「いつもがんばってる館長さんに」とケーキを持ってきてくれました。わたしはケーキが大好きなのでとてもうれしく、お礼を言うと、「ところで館長さん、ちょっと見て欲しいんだけど」……車の中をのぞくと、かごの中に小さな小さな仔猫が３匹。そう、引き取りの相談だったのです。

ケーキでつられてしまったわたしは、お母さんと一緒にその方の相談にのり、３つの命を預かるしかありません。そのときいただいたケーキから、名前は

「チーズ」「マスカット」「ベリー」と名づけました。

そんなふうに、わたしの食い意地のせいでやってきた小さな子たち。特に、チーズと名づけた子は3匹の中でもとても甘えん坊。でも、食が細くて体が弱く、猫庭には入れられずに別室で暮らして病院に通っていました。それでも部屋に入るとすりよってきて、抱っこするとすぐに膝の上で丸くなって眠ってしまうようなかわいい子です。

チーズはどうしてもごはんが食べられなくて、日に日に弱っていきました。わたしはその様子を見ているとすごく悲しくなりましたが、「泣いてはだめだ。チーズは一生懸命生きようとしているのに、泣いてはいけない」と思い、わたしはぐっとこらえて世話をしていました。

ある日、もう立てないほど弱ったチーズが、わたしの姿を見て立ち上がりました。体を引きずるようにわたしのところに近づいてきたので、「チーズ、よか

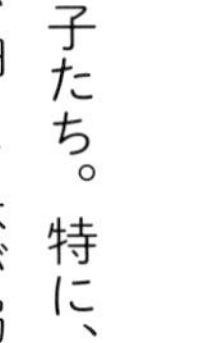

ったね！　元気になったんだ」とうれしかったです。あげた食事も必死に口を動かして飲み込みました。家族みんなでチーズを囲み、とてもうれしくて「チーズが食べてくれた。がんばれるかもしれない」と一瞬で期待しました。でもその矢先、チーズは急にけいれんを起こして息を引き取ってしまったのです。

猫をみとった経験がなかったわたしは毎日涙が止まりませんでした。もっとできたことがあるんじゃないか。なにかに気づけば助けられたんじゃないかと、眠れなくなるほどでした。命がなくなるって、こんなに悲しいことなんだ。二度とこんな思いはしたくない。なにより、もっとチーズと一緒にいたかった！

そんなときにお客さまが言いました。

「家族にみとられてさいごを迎える猫ちゃんは幸せなんだよ。館長は、チーズのさいごの時間をうんと幸せにしたと思うよ」

後悔と悲しみに気持ちが暗くなっていましたが、元気を出して明日からもがんばろうと思えたひと言。チーズが教えてくれたことです。

ボーちゃんお気に入りの場所。お父さん念願の猫用のボルダリングは、誰もやろうとしません（笑）。

名前は大事

猫庭では、旅館に泊まりに来るお客さんだけでなく、猫庭の見学に来たり、譲渡会も開いて、新しい家族を見つける工夫をしています。YouTubeで猫ちゃんたちの動画を流したり、インスタグラムなどのSNSでも、それぞれの猫ちゃんの魅力を発信しています。

最初の1年で、130匹の猫を受け入れ、約100匹の猫ちゃんが新しい家族のもとへ迎えられていきました。

日々、猫ちゃんたちを紹介し、家族を見つけられるように工夫しているうちに、ちょっとしたコツがあることがわかってきました。

まず、猫ちゃんを家族に迎えたいなと思っている人には、なんとなく見た目のイメージがあるみたいです。SNSであらかじめ見た目をチェックしてから、実際にその子に会うために猫庭に来る方もいます。

そして、オスかメスか。性格はだいたいこんな感じ。仔猫か成猫かも、ふんわり決まっていることが多いです。

そんななかで、こちらからできるアピールは、実は名前です。

名前は、猫ちゃんの印象を左右するみたいで、気立てが強そうな猫ちゃんでも、おちゃめな名前をつけるとおちゃめに見えてきます。見た目からかわいい子には、さらにとろけるような甘い名前をつけて、そういった猫が好みの方にアピールします。

ときには、時事《じじ》ネタが功《こう》を奏《そう》することもあります。

上／お母さん猫と一緒に来た、まだ600gくらいの仔猫。ミルクボランティアさんの手を借りて育てます。下／猫庭でも堂々としていたトラジロウ。今のおうちでは丸々と太って、貫禄がすごいです。

わたしが大のカープファンということで、入居した3兄弟に、カープの選手の名前から「たな」「きく」「まる」と名づけました。当時、3選手は絶好調！広島から来たお客さまたちから大人気となり、あっという間に新しい家族が決まりました。

茶トラの猫ちゃんがきたときは、ちょっぴり貧相だった猫ちゃんに高級感を出させるため、お父さんが思い切って「ゴールデン・ウニ・キャット」と名づけました。山口県の贅沢品の名前をつけられたこの子も、すぐに家族が決まったのです。

ほとんどの場合、猫庭にくる猫ちゃんには名前がありません。けれど、名前をつけられることで、アピールポイントがひとつできます。だから、次の家族を早く見つけるためにも、命名はとても大切にしています。

第4章 猫庭が伝えたいこと

山口県の殺処分数

猫庭をはじめるきっかけとなったのは、山口県の犬・猫の殺処分についてのニュースでした。だから、わたしたち家族は、この数字を注意して見ています。

毎年、山口県では約2000頭の猫ちゃんが殺処分されていました。それが、平成29年のデータでは、なんと500匹にまで減少していたのです。単純に考えると、1500匹ほどの猫ちゃんの命が救われたことになります。

これは、熱意のあるたくさんの愛護団体やボランティアさんの活動のおかげ。殺処分などの実態が少しずつ浸透してきたのかもしれません。

でも、データをよく見てみると、保健所に連れて行かれた猫ちゃんの数は、前年より少し増えていました。救う人が増え、意識が高まって、ペットショップで買うのではなく保護猫を迎える人が増えるなか、肝心の〝保健所に猫を持ち込む人〟は減っていないのです。

お父さんは、すごく険《けわ》しい顔をしていました。

「今は、猫ブームで猫を飼う（買う）人も多いよね。ブームが去ってしまったら、また同じことにならないだろうか？」

そんなことにならないように、殺処分の実態や、猫をペットショップで買わなくても引き取れるチャンスがたくさんあること。猫庭のように、触れ合って猫ちゃんと出会える場所があることをもっと知ってもらえたらうれしいと思っています。

山口県の猫の引取り・返還・譲渡・処分数

年度	引取り数	返還数	譲渡数	処分数
平成22年度	2,617	0	18	2,599
平成23年度	2,694	1	28	2,665
平成24年度	3,007	2	31	2,974
平成25年度	2,639	6	25	2,608
平成26年度	2,744	3	40	2,701
平成27年度	2,354	10	85	2,259
平成28年度	1,992	1	1,071	907
平成29年度	2,032	9	1,489	542

仲良く折り重なるようにして眠る仔猫ちゃんたち。やっぱりかわいくて、仔猫は早く里親が決まります。

猫庭を伝える

お父さんは旅館をやっていますが、インターネットのマーケティングやデザインの会社もやっています。だから、猫庭にもそういう知識を活かして、いろんな方向から猫庭を知ってもらうための工夫をしています。

お父さんは、「戦略《せんりゃく》」という難しい言葉を使います。

問題の状況をしっかり調べて、どこを狙えばいいかを決めて、攻撃を仕掛ける！　なんだか物騒ですが、猫庭を知ってもらい、もっともっと猫ちゃんたちの家族を決めていくためには、かっこつけてはいられません。

猫ちゃんたちは、なんといってもかわいらしさが魅力。それをたくさんの人に伝えるために、YouTubeはぴったりです。お父さんは「猫庭チャンネル」という公式チャンネルを作り、さらに、ライブ配信をはじめました。遠くに住んでいる人でも猫庭の様子をいつでもリアルタイムで見ることができます。人がいない空間で、猫ちゃんたちがのびのびと過ごしたり、ときにはハプニングが起きる様子が映し出されて、わたしもつい見てしまうことがあるくらい、楽しいです。猫庭チャンネルは、チャンネル登録者数が１万１０００人を超え、ここから猫ちゃんを見に来てくれる人も増えました。

なぜYouTubeに力を入れているのか、お父さんが説明してくれました。

YouTubeは、視聴数が広告料としてお金になります。猫庭では、猫ちゃんのごはん代やトイレなどの消耗品代、手術費、病気の子の治療費など、お金はいくらあっても足りない状況です。だから、YouTubeを充実させて、少しでも運営費の足しにしたいのです。

そして、もうひとつは、「信用」。

365日24時間ライブ配信をするということは、すべてを見せているということ。猫庭で起こるどんなことも隠しようがありません。きちんと環境を整えて世話をされ、かわいがられている猫ちゃんたちだということを伝えることができます。

お父さんは、この「信用」がすごく大事なのだといいます。猫庭を運営するにはたくさんの人や企業の力を借りなければなりません。それには、絶対に「信用」が必要なのだそうです。

もちろん、猫ちゃんたちのかわいさも伝わり、親近感がわくので一石二鳥どころか三鳥かもしれません！

また、猫ちゃんたちは日々入れ替わります。だから、猫ちゃんたちの紹介を配信するにしても、いつでも簡単で手軽にできる方法が向いています。わたしもお姉ちゃんもインスタグラムをはじめて、猫ちゃんを紹介したり、毎日の様子を発信できるようになりました。

猫庭のロゴ

わたしが小学校3年生のときに描いた、猫ちゃんがひょこっと顔を出す絵があります（本の下の方にもいます）。

お父さんは、この絵がとても素朴で素敵だと言ってくれて、いつの間にか猫庭のシンボルマークになりました。

少しでも運営費を生み出すために、お父さんはこのロゴでTシャツやマグカップなど、いろいろなグッズを作りました。自分の絵が商品になるのはうれしいやら、照れくさいやら。

「こんなの売れるのかな？」

と、思っていました。

SNSで反響があったり、「猫ちゃんは引き取れない状況だけれど、せめて」と購入してくれる人もいて、猫庭のイラストは、知らないうちに少しずつ知ってもらえるようになりました。

そして、びっくりすることが起きました。

山口県を代表する企業「ユニクロ」のフランチャイズ店、ユニクロシーモール下関店の吉村邦彦社長が、猫庭のトートバッグをお店で売ってくれるというのです！

わたしはもちろん、家族全員、目が点。わたしとお父さんで、吉村社長のお店を訪問して、お話をしました。

なんでも、吉村社長の奥さまは大の猫好き。地域にも貢献したいという想いでいたところ、猫庭の取り組みを見つけてくださったといいます。あれよあれ

よと話が進んで、ユニクロにわたしが描いた〝ひょっこり猫〟のイラストポスターが見慣れたユニクロに並んだときには、ただただびっくりしていました。

このことがきっかけになり、ほかの企業からもさまざまな取り組みをさせてもらうことができるようになってきました。福岡のネイルサロン「アールズシックス」さんでは、わたしのイラストがネイルのデザインに！「猫庭ネイル」をしてくれると、一部が運営費に寄付《きふ》される仕組みです（ちなみに、このネイルでてしまま旅館に宿泊していただくと、お土産がつきます）。わたしが知らないところで、わたしのイラストがデザインされた猫庭ネイルをおしゃれに楽しんでいる人がいるかと思うと、なんだかじーんとします。

猫庭を知ってもらうことや、ロゴを身につけてもらうとき、少なくともその瞬間はひとりひとりが、猫の殺処分の問題について考えてくれると思います。だから、もっともっと猫庭の輪が広がって、ひとりでも多くの人に伝わったらいいな、きっかけになればいいな、と思っています。

右／あのユニクロにわたしのイラストのトートバッグとＴシャツが並ぶなんて、今も信じられません。
左／ネイルサロンを訪ねて九州にも行ってきました。わたしはまだやったことがないけれど、うれしい！

第5章 わたしと猫庭

旅館に生まれて

わたしは、「てしま旅館」の次女として生まれました。お父さんが3代目で、お父さんもお母さんも旅館の仕事をしています。

お父さんは、猫庭やインターネットの仕事もしていますが、旅館の主人で、料理人でもあります。

だから、わたしたちきょうだいは、ときには調理場の横の小さい部屋でお父さんとお母さんの仕事が終わるのを待ったり、ひいじいちゃん、ひいばあちゃんのところに遊びに行ったりと、旅館のなかをぐるぐる。しっかり者のお姉ちゃんは、猫庭をはじめる前からすでに布団を敷くお手伝いをしていました。てしま旅館は、家族で営《いとな》む旅館なのです。

お客さまが夕食の時間は、お父さんもお母さんも大忙し。終われば片づけがあるし、一般的なごはんの時間に家族で落ち着いてごはんを食べるというようなことはほとんどありません。みんなが、あわただしい時間の中で、食べられるときに食べるという感じです。

そんな毎日が普通だと思っていたけれど、学校の友だちと話していると、どうもわたしだけ違う……。友だちは週末に家族で遊びに行ったり、旅行をしたりしています。

「わたしも普通の家に生まれたかった」

そんな愚痴《ぐち》をいつもこぼしていました。

小学校4年生になり、わたしもお姉ちゃんから布団の敷き方を教わり、今ではわたしが布団敷きの中心です。最初はお手伝いでしたが、ひと通りをきちん

とできるようになってからは、小学生にして〝給料制《きゅうりょうせい》〟に。今ではお父さんよりお金持ちかもしれません。

猫庭の館長になって大きく変わったことがあります。それは、お客さまと話す時間が、ものすごく増えたことです。特に、猫庭を目当てに来てくださる方は、猫ちゃんが好きな方ばかり。猫ちゃんの話をするのはとても楽しいです。そして、最近は、遠くから来られる方も多く、海外からのお客さまもいます。

布団敷きだけをしているころは、お客さまの顔が見えないところでのお手伝いだったから、ほとんどお話をすることはありませんでした。それが今では、猫庭のおかげで、お客さまの楽しそうな顔を見ることができ、お話をして、人となりを知ることもできます。これが旅館の仕事の楽しみなのだと、少しずつわかってきて、さらには、わたしも旅館を守る一員なんだなぁと自覚することができました。でも、お兄ちゃんはいつもお手伝いをせずに消えてしまうので、もったいないなと思います。

上／わたしの勉強を邪魔するメノちゃん。こんな光景も普通です。
下／ごはんをあげて集まってきたときにはみんなの健康状態を観察。

世界にひとつの旅館

旅館に猫庭ができたことで、旅館自体もずいぶん変わりました。まず、わたしたちの会話が猫ちゃん中心。旅館で働くスタッフさんも猫庭にかかわってくれているので、打ち合わせもたくさんあります。

そして、今では、かかってくる電話は宿泊の問い合わせよりも猫ちゃんに関する問い合わせのほうが多くなっています。

「具合が悪い猫ちゃんをどう回復《かいふく》させるか」と、お客さまに出すフグ料理の話が同じ場所で真剣に話し合われている旅館。窓の外には、たくさんの猫が暮らすおうちが見えます。

わたしたちに当たり前の日常だけれど、こんな旅館は世界中のどこを探してもないんだろうな、と思います。

わたしの夢

わたしは、猫庭でたくさんの猫ちゃんと触れ合ってきました。早々《そうそう》に新しい家族が決まる子もいれば、しばらく猫庭で暮らしている主《ぬし》のような子もいます。

そんななかで、猫庭に来たときから弱っている猫ちゃんも少なからずいます。病気の猫ちゃんやまだ目が開かないくらい小さい猫ちゃんは、別の場所でお姉ちゃんが中心となって面倒をみていて、わたしはお姉ちゃんはえらいなと思っています。

そういう子たちのなかには、病院に連れて行っても治せないこともあって、なにもできないわたしには、ただただ「絶対助かるよ。病気が治ったら、猫庭で遊んで、新しい家族を探そう」と祈ることしかできません。

小さな命が消えていく瞬間、現実を受け入れられず、わたしはただただ泣いています。

六年生になって「将来の夢」について書いたり、話したりすることが増えました。でも、わたしはまだ迷っています。

獣医さんになって、不幸な境遇《きょうぐう》から病気になってしまった猫ちゃんたちの病気を治したい気もします。一方で、もっと根本的な問題に取り組んで、山口県だけで２０００匹の猫ちゃんが保健所に連れていかれているという現実を世の中に伝え、仕組みを変えていく仕事もしたいと思っています。

最近、すごく驚いたことがありました。

ある、休館日の夕方。猫が嫌いなはずのひいじいちゃんとひいばあちゃんが、ロビーに腰をかけ、猫庭を見て談笑《だんしょう》していたのです。

わたしは、すごくうれしくなって、ふたりに声をかけずにそっと立ち去りました。

お父さんは猫が大嫌いだった。

ひいじいちゃんもひいばあちゃんも、猫が大嫌いだった。

でも、3人とも変わりました。

だから、猫が嫌いで、うとましいと思っている人も、伝えることをつづければいつか変わるかもしれません。そんな日が来ることが、わたしのいちばんの夢です。

お母さんが子ども生んで保護されるパターンも多いです。リリーちゃんが生んだ小さなきょうだいたち。

ミミバッグ

番外編

幸せになった猫たちのものがたり

じろうくんとみしろちゃん

ある日、YouTubeで配信している「猫庭ライブ」を観た方が、じろうくんを家族に迎えたいと、譲渡会に来られました。わたしは、じろうくんと仲のいいみしろちゃんの話もしてみました。みしろちゃんは、一度は猫庭を卒業したのですが、どうしても家族になじめず、帰ってきてしまった子。1匹での譲渡は難しいかもしれない。でも、仲のいいじろうくんと一緒なら大丈夫ではないかと思ったのです。事情を話すと「では、じろうくんと一緒にみしろちゃんも家族に迎えます」と言ってもらえました。

「みしろちゃん、今度は大丈夫かな」「じろうくんがいるからきっと大丈夫だよ」と家族で心配していると、引き取った方から連絡がきました。

最初はやっぱり隅っこから出てこなかったそうですが、じろうくんが「こっちでごはんを食べよう」とえさの場所に呼んだりして、献身的に面倒をみていると言います。しょっちゅうくっついて寝ていて、幸せそうなツーショットが何枚も届きました。みしろちゃんは心が落ち着いたのか、譲渡して2カ月後には家族の膝にまで乗るようになったそうです。そして、驚いたことに、じろうくんも繰り返していた膀胱炎が完治したのです！

わたしはこのときから、「ただ譲渡先を見つけるだけじゃだめなんだな、猫ちゃん1匹1匹の性格をちゃんと考えて、その後の生活が幸せなものであるように工夫してあげることも大事」と、考えるようになりました。

こうちゃん

こうちゃんは、猫庭でも「人間が苦手」なタイプの猫ちゃんでした。膝にのったり、スリスリすることがないので、なかなか譲渡先も決まりません。

ある日、譲渡会に来たご夫婦は、こうちゃんをひと目見て連れて帰ることに決めました。わたしたちは「この子は人間と暮らすのになれていないけれど大丈夫ですか？」と何度も聞いたけれど、この子がいいと言います。

実はこのご夫婦、お父さんのための猫を探していたのです。猫好きなおじいちゃんは、飼っていた猫が死んでしまい、すっかり元気をなくして寝たきりになってしまったそうです。こうちゃんは、その亡くなった猫ちゃんにそっくり、ということで、もらわれていきました。

ちょっと不安な譲渡だったけれど、LINEで送られてきた写真を見てびっくり！　あのこうちゃんが、おじいちゃんと一緒にすやすや寝ているのです。おじいちゃんもこうちゃんも、どちらもとっても幸せそう。

こうちゃんはおじいちゃんを幸せにして、おじいちゃんもこうちゃんを幸せにしている。わたしたちの心配は無駄だったなぁ、と思う、幸せにあふれた譲渡でした。

さびちゃん

猫ちゃんを飼うということは、小さいけれど命を預かることです。旅行のときはお世話を頼まなくてはならないし、病気になれば心配。生活ががらりと変わることもあるでしょう。

ある日、受け入れを検討しているという旅館の常連のお客様夫婦が、泊まりにきてくれました。今回、だんなさんは猫ちゃんを引き取る気満々。でも、奥さんはまだ迷っていて、最終的に、どうしても命を預かることへの不安がぬぐいきれませんでした。それは事実だし、わたしたちは無理強いをすることはできません。「今回はやめます」とふたりが猫庭を出ようとしたその瞬間。わたしが抱っこしていたさびちゃんが、奥さんのほうをじっと見て、さびしそうな声で鳴いたのです。わたしたち全員に、さびちゃんが「おいていかないで」と言っているように聞こえました。もちろんそれは奥さんにも伝わったようです。「やっぱり連れて帰ります」と言う声は、少し涙ぐんでいるように聞こえました。だんなさんはその言葉にびっくり。実は、客室で名前まで考えていたそうで、すぐに「ピアノちゃん」という素敵な新しい名前をもらいました。

奥さんは「あのときピアノが鳴いてくれて本当によかった」と言い、さらに2匹目の猫ちゃんも引き取ってくれました。ときおりピアノちゃんたちを連れて旅館を訪れてくださり、元気そうな様子を見せてくれます。

猫庭は卒業するときにLINEを登録し、定期的に猫ちゃんの様子を送ってもらうという約束があります。そこに映る猫ちゃんたちが安心して、幸せそうに暮らしているのを見るのが、わたしにとってもいちばん幸せな瞬間です。

おわりに

本書にもあるように、私は大の猫嫌いでした。それが、今では保護施設まで作り、多数の保護猫と暮らし、これまでの人生にないほど、情熱を燃やして活動しています。

はじめての猫、メノを飼うまで、私は猫のことを何も知りませんでした。一緒に暮らしはじめてわかったのです。ときにはスリスリと甘え、悟ったような目で見つめてきたり、寒い夜は一緒に寝ることも。

実は、最初にメノを飼うとき「子どもたちに命を学ばせる教育の機会だ」という考えが自分の中にありました。でも、それは大間違い。メノは、教材でも玩具でもなく、掛けがえのない家族の一員です。

末っ子の姫萌は、メノを妹のようにかわいがり、最高の友だちになりました。猫庭ができてからは、1日も欠かすことなく猫たちのお世話をし、訪れる方に1匹1匹の個性を説明し、まさに命をつないでいます。その純粋な想いに、私は痛烈な責任を覚えるのです。

「殺処分をなくしたい」の裏側にあるのは、「なぜ殺処分がなければならないのか」。大人は問題の本質を考え、解決し、胸を張って正しいといえることを未来にバトンタッチしなければなりません。

猫たちと姫萌、子どもたちは、私利私欲しか考えていなかった私の人生に、大きな役割と存在意義を与えてくれたのです。

猫庭は、トランジットのようなもの。国から国へ旅する人が瞬間的に身を置く場所。猫ちゃんにとって、猫庭にいる時間はトランジットなのです。次の飛行機が快適で、幸せなものであるように。その幸せの気配が感じられる瞬間には、何度立ち会っても感動します。

最後に、クラウドファンディングやSNSで応援してくださる皆様、ボランティアとしてかかわってくれる皆様、猫庭を支えてくださるすべての皆様とのご縁に、この場を借りて深くお礼を申し上げます。

一日も早く殺処分がなくなることを祈って　手島英樹

手島 姫萌（てしま ひめも）

猫庭館長。2007年、山口県山口市に生まれる。

家族は、父、母、姉、兄、猫のメノちゃん、はじめ、小百合、ちいちゃん、勤助、ベジータパール。大好きなのは、抹茶濃い味のスイーツ、歴史、広島カープ。苦手なものは、ネギ、辛い食べ物、虫、絵を描くこと。流行には敏感で、現在の趣味は手作りスライム。好奇心旺盛で、なんにでもチャレンジしていく、前向きで明るい性格。いろんなことに興味が尽きない毎日を送る、意欲的な小学生。

https://neko-niwa.com/

猫庭ものがたり

2019年9月10日　初版第1刷発行

著　者　　手島 姫萌
発行者　　原 雅久
〒101-0065
東京都千代田区西神田3-3-5
電話03-3263-3321
http://www.asahipress.com/
印刷・製本　図書印刷株式会社

ISBN978-4-255-01136-3